孩子情绪自愈力

高丽娜 著

苏州新闻出版集团

古吴轩出版社

图书在版编目（CIP）数据

孩子情绪自愈力 / 高丽娜著. -- 苏州 ：古吴轩出版社, 2025. 5. -- ISBN 978-7-5546-2633-7

Ⅰ．B842.6；G782

中国国家版本馆CIP数据核字第2025B06U79号

责任编辑：顾　熙
见习编辑：张　君
策　　划：吴　静
插　　画：格里莫伊文化创意
封面设计：杨紫藤

书　　名：**孩子情绪自愈力**
著　　者：高丽娜
出版发行：苏州新闻出版集团
　　　　　古吴轩出版社
　　　　　地址：苏州市八达街118号苏州新闻大厦30F
　　　　　电话：0512-65233679　　　　邮编：215123
出 版 人：王乐飞
印　　刷：大厂回族自治县彩虹印刷有限公司
开　　本：670mm×950mm　　　1/16
印　　张：10
字　　数：91千字
版　　次：2025年5月第1版
印　　次：2025年5月第1次印刷
书　　号：ISBN 978-7-5546-2633-7
定　　价：49.80元

如有印装质量问题，请与印刷厂联系。0316-8863998

前言

　　在成长的过程中，你是不是遇到了很多很多的烦恼呢？很多小朋友认为，遇到问题可以找老师、父母帮忙解决，他们会为我们摆平一切。可是，有一次你因为学习压力太大向妈妈诉苦时，妈妈却说："你看看李阿姨家的孩子……"之后，你再也不敢向妈妈诉苦了，可是学习的压力依然无处发泄。你因为好朋友比自己更优秀而产生了忌妒心理，你羞于将这件事告诉别人，又不知道该怎么办；你担心父母不爱自己，担心自己的未来，因没发生过的事而焦虑；等等。就这样，一个烦恼叠着另一个烦恼，直到有一天，这些烦恼积攒的压力彻底将你击垮了。

　　可能很多家长觉得，现在的小孩就是太矫情了。其实，并不是因为现在的孩子越来越脆弱，而是家长们只是一味地关注孩子的身体健康、学习成绩，却没有及时关注到他们的心理健康，尤其是情绪自愈力。

　　什么是情绪自愈力？

　　情绪自愈力是一个多维度的概念，包含自我价值、情绪调节、人际资源等，它们在自愈力中各自扮演着不同的角色。情绪自愈力的发展是终身的过程，并会受到许多因素的影响而呈现出波动与变化。而其中最为关键的一点，自然是情绪调节的能力。心理学家调查后发现，每五人中就有一人是高敏感人士。他们总是在意别人的看法，认为自己做得不够好，情绪容易受外界影响，导致无法一往无前地走向目标。

心态不稳，任何努力都会事倍功半。拥有不被撼动的情绪自愈力，是一个人的力量基石。就像我们的身体有与生俱来的免疫力一样，我们在心理健康方面也是有自愈力的。让孩子学会独立思考，培养孩子解决问题的能力，使孩子拥有良好的情绪自愈力，正是本书的创作初衷。

本书一共分为五个板块，让孩子从学习、社交、抗压、情绪管理、亲子关系五个方面，清楚地认识问题、思考问题，并学会解决问题。书中展现了孩子们在生活和学习中经常会遇见的问题，用漫画的形式呈现，让孩子们更有代入感，更能引起共鸣。面对问题的时候，我们尝试从不同的角度来分析它，引导孩子学会多角度看待问题，学会换位思考，跳出固定思维。在引导孩子思考之后，再适度给出建议，开拓孩子们解决问题的思路，化解孩子因为压力而累积的负面情绪。

成长过程中遇到的问题就像一个又一个小怪兽，那么打倒这些小怪兽的，也一定是我们自己。

目录

第一章
面对学业压力和学习焦虑，我不怕

第四章
学会做情绪的主人

第五章
和爸爸妈妈成为好朋友

第一章

面对学业压力和学习焦虑，我不怕

妈妈总说："看看别人家的孩子……"

01

　　无论我做什么，妈妈都不满意。她总在我面前表扬别人家的孩子，难道他们都比我好吗？我真的有那么差吗？

① 妈妈总是用言语刺激我，其实她心里可能是这么想的："虽然孩子做得不错，但我不能总是夸奖他，免得他骄傲。这样他可以做得更好……"

② 邻居家的学霸小文每天就知道学学学，连门都不出，她妈妈还希望她能像我一样，每天在户外做做运动，让身体长得壮壮的。

③ 有次我和小文一起放学回家，小文很羡慕地对我说："你的足球踢得太棒了，还在运动会上为我们学校争得了荣誉，我的运动细胞要是有你的一半就好了。"

④ 每次路过王奶奶家，我都会把她放在门口的垃圾带下楼，王奶奶总是和她的孙子说："你看看人家壮壮，多懂事！"

有时候，你也是其他人嘴里的"别人家的孩子"。

当父母拿别人和你作比较时，
你可以试着这样做

和父母沟通，让他们知道你的感受

你如果不喜欢这样的鼓励方式，就把自己的心里话直接说出来，让父母以后尽量不要在你面前这样做比较。

善于发现自己的优缺点，查漏补缺

当听到"别人家的孩子"时，不妨认真想一想，对方身上是否有值得自己学习的一面。

提高钝感力，变成"六边形战士"

世界纷纷扰扰，在成长的过程中，你的身边难免会有一些嘈杂的声音，这些声音往往会影响你的方向和步伐。不妨适当"关上"耳朵，按照自己的节奏向着目标前进。

打倒情绪小怪兽

别人眼中的你并不一样……

　　每个人看待他人的视角都是不一样的，所以才产生了那么多"别人家的孩子。"或许在妈妈眼里，你是个邋遢大王；在老师眼里，你是个调皮蛋；在同学眼里，你是个开心果；在弟弟妹妹眼里，你是个盖世英雄……

1 不攀比
每个人都是独特的，你不需要和其他人攀比。攀比所产生的骄傲或自卑，显然都不是优秀的品质。我们要战胜的对手，其实永远都只有自己。

2 不焦虑
别人的优秀固然可贵，但你也无人能取代。只要在努力成长的过程中做好自己，那就是最棒的。

我就是我！

学习成绩不好是因为我太笨了吗？

02

　　每次考试后，爸爸妈妈总是对着我的试卷唉声叹气。我明明上课听讲了，课后作业也完成了，可成绩还是提高不了。难道是因为我的脑子太笨了吗？

① 同学们总夸我是个游戏天才，无论玩什么游戏，我都能得心应手。大家都说我虽然学习成绩不咋样，但非常聪明，智商一定很高。

② 爸爸妈妈虽然很担心我的成绩，总对着我的试卷唉声叹气，可他们从来没有骂过我，而是和我一起想了很多办法，帮我提高学习成绩。

③ 上课的时候，我虽然坐在座位上听老师讲课，但心早就飞到足球场上去了，老师讲了什么我一点儿也没听进去。

④ 课后写作业时，我只想快点儿做完老师布置的作业，至于作业有没有做对、运用了哪些知识，我一点儿都不关心。

你真的努力了吗？

想要提高学习成绩，
你可以试着这样做

端正学习态度

态度决定一切。当你讨厌学习时，你就会把学习当作任务，带着逆反的心理消极应付，成绩当然会很差；相反，如果主动去学习，遇到困难和挑战时也不会退缩。

培养学习兴趣

兴趣是最好的老师。学习或许很枯燥乏味，但如果在学习中找到乐趣，将所学的知识运用到生活中去，就会发现学习其乐无穷。

总结学习方法

正确的学习方法让学习事半功倍。学会根据自己的情况制订学习计划，进行课前预习、课后复习，学会独立思考，等等。

养成好的学习习惯

每天认真听讲、按时完成作业、积极进行课外阅读、合理安排时间、不拖延……这些好的学习习惯会让你的学习效率翻倍。

打倒情绪小怪兽

提高成绩不是一蹴而就的，先从完成小目标开始吧！

无论做什么，首先要定个远大的目标，想提高学习成绩自然也不例外。可是，那些远大的目标又太过遥远，很难实现，还容易让人气馁，半途而废。要知道，罗马可不是一天建成的，要想完成大目标，就先从完成一个个小目标开始！

1 每天一小步

将大目标拆成一个个小目标，当完成了所有的小目标后你就会发现，曾经遥不可及的目标已经近在眼前。

2 失败了也没关系

有时候，即使你已经很努力了，也没有达到自己的目标。没关系，一次没有成功，那就多来几次，付出努力一定能实现目标。

一到考试我就紧张，成绩总是不理想

03

　　在平时学习中，我很用功，学得也不错。可是一到考试我就紧张，看见卷子就头晕眼花、手心冒汗，导致考试成绩总是不理想。爸爸妈妈还以为我平时根本没有认真学习，这该怎么办呀？

1 考试前，我为了做更充分的准备总是复习到很晚。结果第二天考试时，我因为熬夜而感到头晕眼花，反而无法发挥正常水平。

2 我就是太在意考试结果了，一想到爸爸妈妈又要拿着试卷对我唠叨个没完，我就变得很烦躁。因此，我无法集中注意力做题，明明会做的题目都没写出来。

3 有好几次考试，我明明题目会做，结果却把答案填错了地方，最后拿了一个超低分。

4 我老怀疑自己题目没有做对，所以会花很多时间反复检查做过的题目，导致试卷上还剩下好多题没做。

别慌！大家都有"考试焦虑症"。

想要缓解考试焦虑，
你可以试着这样做

树立正确的考试观念

考试是对阶段性学习成果的检验，如果考得不错，说明这段时间的学习有了很大收获。但它不是检验学习成果的唯一标准，一次考试成绩不理想也并不能全盘否定你的付出。

化压力为动力

父母的期望或许会给你带来很多压力，虽然爸爸妈妈很在意成绩，但比起冷冰冰的数字，他们更关心的还是你每一次的努力和进步。

下次我一定要进步！

保持平常心，降低期待

正确客观地评估自己的学习能力，了解自己的学习状况，适当降低对考试成绩的期待，最后可能会有意想不到的惊喜。

和同学良性竞争

每次考试，同学之间也会互相比较。不要害怕比较，这些比较就像一面镜子，可以让你看清自己的进步和退步之处。

打倒情绪小怪兽

失败也没那么可怕嘛……

对于每个学生来说，考试成绩有好的时候，也会有不好的时候。学会以平常心对待，考得好不骄傲，考得差也不气馁。

1 发泄负面情绪

先将考试成绩丢在一边，试着去跑跑步、爬爬山、打打球、看看电视等，将坏情绪全部发泄出去。第二天醒来，浑身又充满了希望和斗志。

2 为自己加油打气

决定考试成绩好坏的因素有很多。别人的优秀固然可贵，但你也是独一无二、无人能取代的。只要在学习的过程中尽了最大的努力，那你就是最棒的。

妈妈给我报了太多兴趣班，让我"卷"起来

04

我的生活几乎被学习占满了，每天不是在去学校的路上，就是在去各种兴趣班的路上。为此我曾向妈妈抱怨过，可妈妈说现在大家都很"卷"，让我也要跟着"卷"起来。

王老师，我还想再给我儿子报个兴趣班！
不多不多，周末刚好排满……

1 妈妈没有征求我的意见，就给我报了书法班，可我根本不喜欢练书法。

2 周围的人都很"卷"，妈妈也很焦虑，她不想让我落后于别人，所以结合我的天赋特长等各个方面，为我报了好几个兴趣班。我觉得好累。

3 林林是我们班的学霸，他妈妈给他报了很多兴趣班。除了足球班、游泳班外，还有书法班和绘画班。他总说很羡慕我，说我在周末至少还能睡个懒觉。

4 感谢妈妈给我报了舞蹈特长班，让我在学校的文艺晚会上大放光彩，赢得了很多掌声。

找到适合自己的领域，未必全依赖兴趣班。

为上兴趣班而烦躁时，你可以试着这样做

换位思考，试着体谅父母

现在，很多父母为了不让自己的孩子输在起跑线上，就会给孩子报各种各样的兴趣班以缓解焦虑。我们要换位思考，体谅他们的良苦用心。

心平气和地沟通

如果因兴趣班太多而感到很累的话，一味地向父母发脾气、抱怨是不可取的。不妨坐下来，心平气和地和父母好好聊一聊，将你的真实感受告诉他们。

转换学习心态

如果兴趣班都是父母硬性要求你去的，你便很难体会到学习的乐趣。不如换一种思维方式，将被动变为主动，积极接受兴趣班，说不定就能体验到其中的乐趣了。

选择自己喜欢的兴趣班

兴趣班太多了，会使人精神疲惫，学习的效果也会大打折扣。不如根据自己的兴趣和规划，选择最合适的兴趣班。

打倒情绪小怪兽

拒绝"内卷"，做一个反"内卷"达人。

现在，人们习惯不停地和别人比，和更高的标准比，比来比去最后陷入"内卷"旋涡，变得越来越迷茫。因为山外有山，人外有人，如果加入了"卷"的队伍，就永远都有"卷"不完的对手。

1 停止精神内耗

生活中存在各种各样的问题，每天就像升级打怪一样。如果一直感到焦虑的话，那生活就没法过了。所以要保持积极乐观的心态，调整心情，减少内心的纠结。

2 停止盲目地仰望别人

我们可以将优秀的人视为学习榜样，而不是盲目追赶的对象，因为一味地追赶会让人失去自我。我们要多看看自己，接受自己的优点和缺点，比起"卷"别人，"卷"过去的自己更有意义。

总是把作业拖到最后才写，怎么办？

05

每天放学后，我总是先玩够了再写作业，天天写到很晚，我觉得自己没救了。

1 作业不太多，放学后就先跟朋友出去打了会儿球，结果一不小心玩得有点儿晚，作业一直到很晚才写完。

2 在做作业前，我总是会先准备一盘水果，一边吃一边写作业，没多久再去倒杯水，刚坐下来又想上厕所，导致到了睡觉时间作业还没有完成。

3 我看时间还有很多，于是就想着先看动画片，结果总是到很晚才疯狂赶作业。

娱乐和作业之间需要一个平衡。

若想写作业不拖延，
你可以试着这样做

营造适合写作业的学习环境

为自己打造一个舒适的学习环境，将书桌收拾干净，让手机、玩具、零食等干扰物远离你的视线。

制订合理的计划

在写作业前，先根据作业的重要程度、难易程度，制订一个优先级列表。优先完成最重要的作业，然后依次完成其他作业。这样就能更好地管理时间，提高效率。

寻求外部支援

在遇到自己无法解决的难题时，不要"死磕"，可以向老师、同学或家长请教，在他们的建议下更高效地完成作业。

打倒情绪小怪兽

拖延的最大坏处不是耽误时间，而是会使自己陷入无序中，导致自己缺乏自律能力。

毫不夸张地说，几乎人人都有拖延症。我们总是把事情拖到下一分钟、第二天，甚至很久以后。直到最后，什么也没做成。

1 立刻去做

不管什么事，决定要做就立刻去做，不给自己的懒惰找各种理由。这样时间久了就会养成自律的好习惯，拖延症自然就不复存在了。

看完这集动画片再做。

先放那儿，等会儿再做。

明天再做吧。

2 不要逃避

很多人拖延是因为害怕，所以选择刻意回避。这种时候一定要战胜自己的逃避心理，将注意力放到必须完成的任务上来。

3 培养时间观念

拖延的很大原因是没有时间观念。学会安排自己的时间，学会制订计划，养成自律的好习惯。

因为不喜欢老师的授课风格，所以不喜欢这门学科

我不喜欢数学老师的授课风格，一到数学课就犯困、走神儿，导致数学成绩一直不好。我也知道数学是很重要的学科，我该怎么办呢？

1 不喜欢老师的授课风格导致对这门学科的学习提不起兴趣，成绩很差，真是得不偿失。

2 班上其他同学都觉得数学老师讲课很好，为什么只有我觉得枯燥呢?

3 我原本很讨厌学英语，可是因为喜欢英语课上活跃的气氛，便慢慢爱上了英语，英语成绩也越来越好了。

有时候，或许是你的偏见放大了情绪。

不喜欢老师的授课风格，
你可以试着这样做

评价他人不要以偏概全

原来不苟言笑的数学老师还会和学生们一起踢球呢。

心理学上有一种叫作"晕轮效应"的现象，就是当一个人对他人进行评价时，总会从某一个特征扩展到整体印象，从而影响到整体评价。同样的道理，你讨厌老师的授课风格或许是因为自己对老师的认识不足，以偏概全了。

正确区分学科和老师

老师只是学科知识的传授者，而不是学科本身。要明白学科知识是客观存在的，不能因为对老师的印象不好而放弃对这门学科的学习，要将两者区分开来。

寻找学科的闪光点

尝试去发现学科本身的魅力和价值，从而激发自己的学习兴趣。比如化学学科，化学实验的奇妙现象和化学在生活中的广泛应用等都是学科的闪光点，可以从这些方面入手重新建立对学科的喜爱。

打倒情绪小怪兽

学会欣赏别人，喜欢比讨厌更有力量。

在日常生活中，讨厌一个人很容易，往往对方说话的口音、动作，甚至更小的一件事就能让你不喜欢他。如果你总是不喜欢别人，那可能是因为你无限放大了他们的缺点，而忽视了他们的优点。

1 释放善意才能收获善意

人与人之间的交往有一个有趣的规律：你讨厌的人十有八九也讨厌你，而你欣赏的人往往也欣赏你。其实，以欣赏的眼光看待别人，也会收获同样的善意和赞赏。

2 善于发现别人的闪光点

每个人都是独特的个体，身上都有优点和缺点，善于发现别人的优点，并且向他们学习是一种很可贵的品质。优秀的人，从不吝啬自己对他人的肯定和掌声。

第二章

和同学相处，越简单越轻松

被同学孤立了，我很难过

01

　　班上的同学都不爱搭理我，游戏、聚会从来不叫上我，体育课上也没人愿意和我组队，我兴致勃勃地加入聊天，结果他们都默默走开了……我不明白自己做错了什么，我感觉自己好像被全世界抛弃了。

走，我们不要跟她玩。

1 我的语文成绩很好，尤其是作文，经常被当作范文朗读，老师经常在课堂上表扬我，我也因此有点沾沾自喜。慢慢地，班里的同学有点儿忌妒我，都不怎么喜欢跟我玩了。

2 我的性格比较内向，平时习惯独来独往，同学们都以为我是个高冷、不好相处的人。久而久之，大家都不愿意和我说话了。

3 前天，我因为一件小事和同学发生了激烈的争吵。后来他就在背后说我坏话，还撺掇其他同学不和我玩。

4 我根本不想融入这些群体，因为比起花时间维持这些关系，我更愿意把时间花在自己喜欢的事情上。

让自己的内心变强大，真正的朋友不会轻易失去。

被同学孤立，
你可以试着这样做

适度自我反省

要思考为什么会被孤立，比如：是不是自己的性格、行为存在一些让他人难以接受的地方？如果有，就改善自己的言行。可以多听取老师和同学的意见。

不要自我怀疑

即使被同学孤立，只要你善良、正直，还是会有同学愿意和你做朋友的。不要因此产生自我怀疑，更不要有"是我太差劲了"这种自我否定的心理暗示。

扩大社交圈，专注于提升自己

不要局限于被孤立的现状，拓宽视野，培养更多的兴趣爱好，加入自己感兴趣的兴趣小组，通过共同的兴趣爱好结交朋友，改善被孤立的状态。

打倒情绪小怪兽

被孤立，不是你的错！

在社交生活中，被孤立是一种令人痛苦的经历，它可能导致个体陷入孤独、封闭的状态，并产生一系列负面的心理和生理反应。然而，重要的是要认识到，被孤立并不代表你不好。

1 不要草率地把错误归咎于自己
面对被孤立的情况，重要的是不要草率地将错误归咎于自己。记住，被孤立并非源于个人的错误，而是由于群体内部的复杂动态。

2 每个人都有权选择与谁做朋友
与真正的好朋友相处会很舒服，不需要你去讨好、迎合他。好朋友需要有共同的兴趣爱好、相投的脾气性格。每个人都有权选择与谁做朋友，你也有。

总是不合群，感觉好孤独

02

　　爸爸妈妈总和我说，在学校里一定要合群，我也尝试过很多次，试着参加自己不擅长的篮球比赛，加入插不上话的学习小组，等等。可我好像和这些群体格格不入，怎么都融入不进去……

1 小松学习很好，人也很谦虚，还很幽默，同学们都爱跟他玩。可他说有时候很羡慕我，因为他觉得一个人读书、学习很清净，没有人打扰。

2 课后，同学们围在一起讨论最近上映的电影，可我没有看过，不知道说什么。

3 每个人的兴趣爱好不一样，有些人喜欢听音乐，有些人喜欢看书。我很喜欢下围棋，可是在班上找不到一个会下围棋的人。

4 同学们经常互相开玩笑，分享趣事。我也很想参与，但既不知道分享什么，又怕被拒绝。

尝试与他人沟通和交流，被拒绝也没关系。

不太合群，
你可以试着这样做

克服内心的恐惧

克服内心的恐惧和不安，积极主动地融入，不要害怕失败，也不要害怕被拒绝。

主动交流，培养自己的社交能力

平时可以多学一些社交技巧，多阅读书籍，多关注同龄人喜欢的事物，这样在和同学聊天时，就能找到很多共同话题。

积极参加学校的集体活动

多参加学校和班级组织的集体活动，这些活动往往可以拓展社交圈，结识新的朋友，有助于和同学们建立起信任和友谊。

打倒情绪小怪兽

合群，但不从众。

生活中，我们会遇到各种各样的群体。融入群体是为了让自己在集体中得到锻炼和提升，和大家共同实现目标。但也不要为了融入而一味地迁就对方、盲目跟随，这样很容易失去自我。

1 自信地释放个性

实际上，在人群中，那些出众的人更加容易吸引大家的注意力。所以即使融入群体中，也要拥有自己独立的思想，勇敢地表达自己的观点。

2 不给自己设限

每个群体都是不一样的风景，不要把自己限制在单一的群体里，应该多接触不同的人和群体，去学习更多的东西。

最好的朋友还有其他朋友，我很失落

03

我把同桌当成我最好的朋友，平时有什么好吃的、好玩的，我都第一时间跟她分享。可是，我发现我并不是她唯一的朋友……

1 当我看到我最好的朋友有其他好朋友时，心里确实很难受，因为她是我唯一的朋友。我虽然有点儿伤心，但还是选择尊重她。

2 我是一个特别爱交朋友的人，也有不少好朋友，但我对这些朋友的爱和重视都是一样的。朋友多难道不好吗？

3 我有几个好朋友，每个朋友对我的意义都不一样。小红喜欢看课外书，我们会一起去图书馆看书；小美喜欢逛街，一到周末我们就相约去街上玩。

每个人都可以有很多朋友。

发现最好的朋友还有其他朋友，
你可以试着这样做

试着理解朋友，不要埋怨

每个人都是独立的个体，有自己独立的社交圈，有结交很多朋友的权利。但就算他有其他朋友，也并不意味着你在他心里的位置下降了。

主动和朋友沟通

你如果因此感到不舒服，不妨尝试着和朋友聊聊，让他知道你的感受。一次坦诚的对话可能有助于你们更好地理解彼此。

调整心情，跳出负面情绪

不要陷在负面情绪里，你可以尝试着扩大社交圈，去结交一些新的朋友，也可以将注意力放到自己感兴趣的事情上，让自己充实起来。

打倒情绪小怪兽

在不同的人生阶段，会有不同的朋友。

人在一生中会交到许多朋友，同时，也会失去很多朋友。或许某一次离别、某一次争吵，你就和好朋友渐行渐远了。但在不远的未来，你又会交到新朋友，这些新朋友会陪你度过新的人生阶段。

1 友谊是无价的

朋友之间的友情是世界上珍贵的感情之一。朋友会在任何时候无条件地支持你、陪伴你，真正的友谊经得起时间、距离的考验，就像钻石一样坚不可摧。

2 当下就是最好的

时间一直都在往前走，随着年纪增长，我们会遇到很多次分别。所以要珍惜当下和好朋友在一起的时光，要像保护珍宝一样守护这份友谊。

被好朋友误会了，我好难过

04

　　绘画课上，我同桌的一支红色水彩笔不见了。过了几天，这支水彩笔竟莫名其妙地出现在我的书包里。她觉得是我拿了她的水彩笔，我不知道该怎么跟她解释……

我才不要理你！

1 前天，我的好朋友误会我向老师打小报告。当时我生气极了。我们是最好的朋友，他怎么能冤枉我呢?! 于是，我们大吵了一架，不欢而散。

2 我把他当成最好的朋友，可他宁愿相信别人的话，也不愿相信我的为人。这还算是最好的朋友吗?

3 我不小心误会了我最好的朋友，当时我没有控制好情绪，把他大骂了一顿。之后发现是误会，我又拉不下脸去道歉。我俩已经很长时间没说过话了。

与人交往，少一点误会，多一份真诚。

被好朋友误会，
你可以试着这样做

保持冷静，不要急着辩解

情绪激动的时候很难将事情说清楚，应该先让自己冷静下来，事后再找机会做出解释。

积极了解误会的原委

冷静下来后，你如果不清楚事情的真相，那么就要主动去找相关的人了解情况，多方打听，看看误会是怎么产生的。

当面澄清，消除误会

了解了事情的真相后，当面向对方解释误会产生的原因。面对对方的误解，展现包容之心，不要得理不饶人，让矛盾升级。

打倒情绪小怪兽

时间会证明一切……

在生活中，偶尔会被他人误解，其中，有些误会能解释清楚，有些误会太深了而无法解释，对于这种情况，只能一笑而过，把一切交给时间来化解。

1 真诚是"必杀技"

无论发生什么样的误会和争吵，真诚永远都是化解误会的"必杀技"。如果是自己误会了别人，那就诚恳地向对方道歉；如果是别人误会了自己，那也不妨"一笑泯恩仇"。

2 保持平常心

在成长的过程中，被人误解无法完全避免，我们可能会因受到委屈而产生负面情绪。但一定要相信，误会是可以消除的，只是要等待合适的时机，所以要保持平常心，别着急。

身边的小伙伴爱攀比，我该怎么办？

05

身边的小伙伴很爱攀比，今天有人炫耀新买的手表，明天就会有人展示炫酷的玩具。我夹在他们中间感觉有些尴尬，我该怎么办啊？

1　妈妈给我买了漂亮的发卡，我只是想跟朋友们分享快乐，结果第二天，她们带来了更多的发卡，我也不知道怎么就攀比起来了。

2　周围的同学喜欢进行物质方面的攀比，以获得优越感。我如果不参与的话，就有点儿不合群，也会显得很没面子。

3　有些同学觉得穿名牌鞋子、用高级的电子产品，才能显示自己的与众不同，得到大家的羡慕和关注。我不认为这样的做法是对的。

4　有一次，我求着爸妈给我买一双名牌球鞋，因为学校篮球队的队员们都穿着这个牌子的球鞋。如果我不穿，我担心会被赶出球队。我只是害怕被抛弃而已，并不是想要攀比。

远离炫耀式攀比，不随波逐流。

想要战胜攀比心理，
你可以试着这样做

调整心态

攀比心理的产生往往是由于对自己的不满和对他人的忌妒。首先，要接受自己的不足，并且相信可以通过努力和学习来自我提升。其次，要学会欣赏和尊重他人，不把自己的失败和他人的成功相提并论。

找到自己的优点

当找到自己的优点并坚信自己的价值时，就能从根本上摆脱因攀比带来的痛苦。例如，自己可能在绘画方面很有天赋，或者非常擅长与人沟通，这些优点都是自身独特价值的体现。

与自己做比较

用与自己做比较的好习惯取代与他人做比较的坏习惯。真正的成长源于与自己的比较，它促使我们向内探索，不断超越自我设定的界限，从而成为更好的自己。

打倒情绪小怪兽

远离炫耀式攀比，珍惜现在拥有的。

攀比是一种不健康的心理状态，它会不断给人带来压力和焦虑，甚至击溃你的自信和价值观。所以要远离炫耀式攀比，珍惜现在拥有的。

1 现在拥有的更加可贵

爱攀比的人往往忽略了自己现在所拥有的，但这些东西才是最珍贵的，比如健康、亲情。知足常乐是一种积极的生活态度，可以帮助我们在现有的生活中找到满足感和幸福感。

2 追随自己的内心

与他人攀比是一场永无止境的比赛，外部的物质享受和他人的认可都只是短暂的。当你基于自己的价值观，专注于内心的需求时，你会发现，内心的满足感才是真正让人快乐的源泉。

他样样都比我优秀，我还能和他成为好朋友吗？

06

　　小涛成绩好，运动能力也强，为人风趣幽默，深受大家的喜爱。我一直很想跟他做朋友，可一想到自己学习成绩一般，也没什么特长，就没有底气了。我还能和他成为好朋友吗？

算了，他那么优秀，那么多人喜欢他，他应该不会搭理我吧……

1　琪琪是个非常漂亮的女生，我很想和她做朋友。可是我很胖，长得也不好看，如果主动和她做朋友，我担心会被她拒绝，也担心被大家嘲笑。

2　我希望和比我更优秀的同学做朋友，我能从他身上学到很多，希望有一天变得和他一样优秀。

3　我和班上几个学习好的同学都是朋友，因为他们身上散发出的光芒会吸引我不由自主地靠近。于是，我就厚着脸皮主动和他们聊天，没想到竟然真的和他们成了好朋友，他们也成了我学习的榜样。

4　小武是班上的学霸，他对待所有人都很友好、热情，也十分受同学欢迎，他说："每个人都有自己的优点和特长，千万不要觉得自己不如别人。我们都能成为好朋友，互相帮助。"

和优秀的人做朋友可以让自己也变得优秀。

想和优秀的人做朋友，
你可以试着这样做

放平心态，正视双方的差距

要勇敢正视自己的不足，无须因此感到自卑。正视与他人的差距，将差距变成对自身的激励。

主动真诚，尊重对方的成就

对对方的成就表示真诚的敬意，不要试图贬低他们，也不要忌妒他们的成功。以谦逊的态度向他们学习，从中汲取经验和灵感。

善于倾听，乐于学习，保持长期稳定的联系

与优秀的人交流时，认真倾听他们的观点和建议。优秀的人往往有着比他人更丰富的知识和经验，与其交流是自己学习和成长的机会。与优秀的人建立关系后，要保持长期稳定的联系，让对方感受到你的关注和友好，不断加深了解，慢慢建立起深厚的友谊。

打倒情绪小怪兽

与优秀的人为伍，你也会变得优秀。

俗话说："近朱者赤，近墨者黑。"人与人之间是会互相感染的，和优秀的人在一起，你会被他的优秀品质所吸引，并且不自觉地向他学习，激发出自己的潜能，让自己变得更努力。所以，我们应该走出自己的交友舒适区，努力去接近优秀的人。

1 自我反省

子曰："见贤思齐焉，见不贤而内自省也。"与优秀的人做朋友，会让我们时刻反省自己的不足，从而不断提高自己、完善自我。

2 保持自我

与优秀的人同行，他们身上闪耀的光芒或许会让你感到自卑。但不要放弃坚持自我，无须迎合和模仿他人，而应关注自身的成长与进步，相信自己会越来越好。

课上积极回答问题，同学却说我爱表现

07

　　课堂上，我喜欢跟着老师的讲课思路积极回答问题，可是同学们都说我爱表现自己。听了这些话后，我都不敢在课堂上回答问题了……

1　我的同桌是学霸，他平时学习的秘诀之一就是在课堂上积极回答问题，全神贯注地参与到课堂中，这样就不会上课走神儿。我觉得这是提高听课效果的好方法。

2　我的胆子小，自尊心又很强，老师提问我从来不敢举手，我担心回答错误会被同学嘲笑。后来，为了锻炼自己的胆量，我开始积极举手回答问题，没想到我因此变得开朗、自信了。

3　小明忌妒那些在课堂上积极回答问题的同学，可他又不敢举手回答，每次都在背后说同学的坏话，以此来寻求自己的心理平衡。

课堂上积极回答问题是增进师生间互动的有效方式。

面对同学的冷嘲热讽，你可以试着这样做

自动屏蔽掉不客观的言论

在任何一位老师的课堂上，提问是必不可少的一个环节。一节课只有短短几十分钟，老师们之所以花一部分时间来提问，是因为想引导学生积极思考。所以上课积极回答老师的提问，代表你上课认真、态度端正。这不是爱表现，也不是为了引起其他人的注意，你只是在认真学习而已。

爱表现！

书呆子！

老师的跟屁虫！

正确认识上课积极回答问题这件事

在课堂上，积极踊跃地回答老师提出的问题非常重要，有着以下意义：

①提高表达能力。在课堂上发表观点和意见，能够锻炼口头表达的能力，提高胆量和沟通能力。

②在回答老师的问题前，通常会在大脑里梳理一遍答案。思考问题、分析问题并表达观点这一过程有助于我们形成良好的逻辑思维能力。

③积极思考和回答问题可以加深对知识点的理解，达到巩固学习成果的目的。

打倒情绪小怪兽

千万不要活在别人的评价里。

每个人都会在意他人的评价，为好的评价而高兴，为不好的评价而不安，有时候甚至为了那些评价而对自己产生怀疑。

1 不要过于在意他人的评价

为了反驳那些负面评价，我们时常会陷入不断自证的糟糕状态中。其实，对于评价的看法掌握在你自己手里，那些不客观的评价根本就伤害不了你，不要过于在意。

2 正视内心的声音

别人只是你生活的旁观者，你才是自己生活的主宰者。因此，自己内心的声音比外界任何评价都重要，只要自己认可了自己，他人的评价就会对你失效。

第三章

正确面对长辈的期许

妈妈总说她辛苦全是为了我，我感到很内疚

01

　　妈妈几乎将所有的时间和精力都花在了我身上，为我付出了很多很多，她常说自己这么辛苦都是为了我。这句话就像一座大山一样，压得我喘不过气来……

妈妈这么辛苦还不都是为了你！
你一定要好好学习啊……

妈妈，您休息一会儿吧。

1　我的妈妈每天都有忙不完的事，要做一日三餐、洗衣服、打扫卫生，还要辅导我写作业。但妈妈总是笑着说："只要你学习好，我再辛苦都值得。"

2　有时候看到妈妈忙得像个陀螺一样，我很想帮她分担一些家务。可每次她都把我推开，让我好好学习。她就像个超人一样为我承担了一切。

3　妈妈努力工作、省吃俭用，有时候看到心爱的裙子也舍不得买，却给我报了好几个兴趣班。

妈妈，您辛苦了，我爱您！

面对妈妈的辛苦付出，
你可以试着这样做

多表达对妈妈的爱意

经常对妈妈说"谢谢""我爱您""您辛苦了"。简单的言语可以让妈妈感受到你的感恩之心。在母亲节、妈妈的生日等特殊日子里，给妈妈准备一份特别的礼物，让她感受到你的爱。

用实际行动表达对妈妈的爱

主动承担一些家务，减轻妈妈的负担，例如做饭、打扫卫生、洗衣服等。多花时间陪伴妈妈，陪她聊天、散步、看电影等。有时候，陪伴是最贴心的礼物。

多和妈妈沟通，让她知道你的想法

有时候，妈妈难以避免地陷入某种误区，以为一股脑儿地把所有的爱给你就是最好的。这时候，你不妨试着和妈妈聊一聊，肯定她的付出，理解她的辛苦，也适当表达自己的内疚和压力。

打倒情绪小怪兽

正确看待妈妈的辛苦付出

妈妈的付出是出于对我们的爱，而不是希望我们因此感到内疚和有压力。我们应理解和感激妈妈的付出，用自己的努力和成就回报她的爱。

宝贝：

　　工作辛苦，是因为工作本身就是辛苦的，即使没有你，工作也很辛苦，就像柠檬本身就是酸的，药本身就是苦的一样。妈妈自从有了你，反而觉得工作没有那么辛苦了，因为你就像小天使一样，给我带来了用不完的力量，妈妈还要谢谢你呢！

爱你的妈妈

妈妈的鼓励也会给我很大的压力

02

　　我很害怕未知的事物，妈妈总是鼓励我大胆尝试。这无形中给了我很大的压力，克服对未知的恐惧就已经让我感到筋疲力尽了。

1 有一次考试，妈妈鼓励我一定能考个好成绩回来，还说会做一顿好吃的给我庆祝。结果考试成绩出来，我的成绩并不理想，我愧疚得连家都不敢回了。

2 每次我输掉足球比赛的时候，妈妈总是鼓励我说踢得很好，可是我明明踢得很差。我知道，她只是不希望我被失败击垮，希望我继续努力，不要放弃。

3 每次比赛前，妈妈都会鼓励我，说我是最棒的。其实我知道，我即使没有拿到好成绩，在妈妈眼里，我也是最棒的。

莫让鼓励成为压力的代名词！

面对妈妈的鼓励，
你可以试着这样做

理解妈妈的出发点

妈妈的鼓励是出于对你的关爱和支持，但可能她采用的方式并不完全适合你。我们需要尝试理解她的出发点。

识别自己的感受

思考为什么妈妈的鼓励会让你感到不踏实或疲惫。是因为她的鼓励让你感到压力过大，还是因为你觉得自己无法满足她的期望？

向妈妈表达你的真实感受

选择一个合适的时机，诚恳地与妈妈沟通，告诉她你在面对她的鼓励时感到有压力和不踏实，让她知道你的真实感受。告诉妈妈你希望她能以怎样的方式鼓励你，比如更多地关注你的努力和进步，而不是结果。

打倒情绪小怪兽

做任何一件事，都有压力。

在生活中，做任何事都伴随着压力。无论是一场很小的比赛，还是一个重大的决定，都会让人感到有压力。因此，他人的鼓励无论是正确的，还是错误的，都无法消除压力，而压力和动力往往只有一念之差。是好是坏，是压力还是动力，取决于你看待这件事的角度和你的心态。

1 对鼓励多一些包容

鼓励的目的是给予你力量，当你用积极包容的态度去看待时，那么即使妈妈的鼓励给你带来了压力，你也可以从中获取动力。

2 调整自己的心态

培养积极的心态，关注自己努力的过程，而不是仅仅关注结果。这样可以减少压力，增强自信心。

我也想让妈妈为我感到骄傲

03

　　每次听到其他妈妈夸赞自己的孩子如何优秀时，我都感到很惭愧。我也想妈妈为我感到骄傲，可是我没有值得夸赞的成绩，也没有拿得出手的特长，根本没有值得妈妈骄傲的地方……

要是站在领奖台上的人
是我就好了……

1 我的妈妈经常在她同事和朋友面前夸我能吃能睡，身体长得快，难道这也值得夸奖吗？原来在妈妈眼里，即使很小的事情也值得她骄傲。

2 有一次朗诵比赛，我为了拿到第一名，每天早晚都努力练习，可结果我连第三名都没拿到。但妈妈却对我说，努力的过程比成绩更重要。我知道妈妈是在安慰我，但我还是觉得自己很没用。

3 我的成绩虽然不错，但妈妈很少夸我。她每次都说："你还能考得更好，还有进步的空间。"

我家孩子是最棒的！

我家孩子也不差啊！

或许我们不够优秀，但在妈妈心里，我们始终是她最爱的孩子。

想让妈妈为你感到骄傲，
你可以试着这样做

努力学习，天天向上

学习在我们的成长过程中有着重要的地位，如果我们能努力取得优异的成绩，那妈妈一定会为我们感到高兴和骄傲的。

展示个人特长和兴趣

无论是音乐、绘画还是体育运动，你只要能够在某方面表现出色，都会让妈妈为你感到骄傲。

拥有积极健康的生活方式

妈妈都希望自己的孩子能够健康成长，若你能养成睡眠充足、饮食健康、劳逸结合等良好的生活习惯，那就意味着你是一个身心健康、积极向上的人，妈妈同样为你感到骄傲。

打倒情绪小怪兽

真正让父母骄傲的，是你自信快乐的样子。

我们希望得到父母的关爱和认可，希望能够成为他们的骄傲。其实，父母的要求很简单，他们并没有希望你成为多么了不起的人，只希望你能够健康快乐地长大。

1 即使没得到回应也没关系

有时候，你努力取得了好成绩，但并没有得到父母的夸奖。这时候不要气馁，父母只是不擅长表达，他们在心里为你感到骄傲。

2 请成为自己的骄傲

当你取得了很大的进步和成绩，父母为你感到骄傲时，别忘了给自己点个赞，你也应该为自己感到自豪。

如果我不优秀，爸爸妈妈还会爱我吗？

04

　　我平时学习很用功，丝毫不敢松懈，因为我害怕考试没考好或者成绩变差，爸爸妈妈就不再爱我了……

真羡慕你有个好孩子。

又取得了这么好的成绩！

爸爸妈妈肯定很爱他！

这孩子真厉害！

如果没考好，爸爸妈妈还会爱我吗？

① 有次考试没考好，爸爸妈妈严厉地批评了我。他们说，之所以对我要求严格，是因为现在社会竞争激烈，他们希望我成为一个优秀的人，将来才有更多的选择。

② 爸爸妈妈经常因为我的学习吵架，我很担心如果我学习不好，他们就会离婚。我感觉压力好大啊！

③ 我是一个很普通的小孩，学习成绩很普通，也没有什么出色的才能。可我的爸爸妈妈依然十分爱我，他们并没有因为我的普通而减少对我的爱。

你会无条件地爱爸爸妈妈，爸爸妈妈也一样。

宝贝，我们不是有钱人也不是名人，你还会爱我们吗？

无论爸爸妈妈是什么人，我都爱你们！

缓解内心的不安，
你可以试着这样做

理解父母的严格和焦虑

父母的严格要求和他们的爱并不是对立的，他们正是因为爱你，所以才会严格要求你，希望你成为一个优秀的人。

积极和父母探讨、沟通

如果父母的要求让你倍感压力，你不妨试着和他们积极沟通，将自己的想法大胆地说出来，父母也需要和你一起成长。

客观地认识自己

过度在意外界的评价，就容易否定自己。要学会客观地认识自己。不妨写出自己的优点，你会发现，原来自己也很棒。

打倒情绪小怪兽

优秀的定义到底是什么?

在世俗的观念里,或许优异的成绩、出色的才华、成功与富有是用来评价一个人优秀的因素。但是,一个人的优秀绝不仅仅是这些,善良、真诚、努力、坚强、勇敢等品质,同样是优秀的代名词。

在你成长的过程中,爸爸妈妈更加重视的,正是你的这些内在品质。

被要求当众表演节目，我真的好尴尬

05

　　我喜欢唱歌，爸爸妈妈就给我报了声乐培训班。之后，每次在亲朋好友的聚会上，我总是被要求当众唱歌。可我一点儿也不喜欢这样，觉得十分尴尬。渐渐地，我越来越不喜欢唱歌了……

1 我爸爸是一位象棋高手，从小就培养我学象棋。周末，他经常带我去公园下象棋。当我赢了对方，得到大家的夸赞时，我开心极了。

2 每当逢年过节，亲戚家的孩子聚在一起时，大家都会表演节目，有唱歌的，有跳舞的，有背诗的。为了不输给他们，妈妈也会要求我表演节目，导致我现在很害怕过年。

3 我的好朋友在学跳舞，但是她的胆子特别小，一直不敢当众表演。为了锻炼她的胆量，她的妈妈会鼓励她多在聚会上表演节目。慢慢地，她的胆量变得越来越大了。

当众表演节目，孩子可能会变得更自信，也可能会感觉受挫或尴尬。

被要求当众表演节目，
你可以试着这样做

放平心态，即使不完美也很快乐

被要求当众表演节目，主要是为了活跃气氛。即使你表现得不好，大家也不会批评和指责你。所以，不用担心表演不完美，试着将身心放松下来。

不想表演，礼貌拒绝，表明态度

如果你觉得当众表演的要求太突然了，自己还没有准备好，担心因此出丑被笑话，或者心情不佳没有表演兴致，你只要不想表演，都可以大胆说出来。

与其藏着掖着，不如大胆展示

学了才艺特长后，当遇到合适的活动和机会时，不妨大胆展示出来。这样既能锻炼自己，也能在实践中获得宝贵的经验。那些掌声和喝彩声将会成为你自信的源泉，一直伴随着你成长。

打倒情绪小怪兽

尊重自己内心的感受。

大家或许都有这样的经历：当别人请求你去做一件事情时，自己虽然不愿意，但还是会因为各种原因违背自己的心意去做。其实，我们也应该尊重自己内心的感受，对自己不喜欢做的事情敢于说"不"。

1 真诚表达，学会拒绝

如果真的没有任何才艺，可以真诚地向大家道歉，并表示自己不是一个擅长表演的人。这样的真诚态度往往能够赢得大家的理解。

2 保持同理心

拒绝当众表演节目时，要保持礼貌和尊重，要考虑对方的情绪和感受。保持同理心，既要照顾对方的感受，又要尊重自己的想法，这也正是高情商的表现。

没有达到父母的期望，让我很有负罪感

06

　　父母对我的要求很高，让我感觉压力很大。我也希望取得好成绩，让他们高兴，如果没能完成，我会感觉很内疚。

1 爸爸妈妈并没有对我提出任何要求，但因为他们对我太好了，为我牺牲了很多，我总觉得不做出一点成绩就对不起他们的付出。

2 小明平时学习很刻苦，每天花费大量时间在学习上，但由于课程难度较大，在期末考试中没能满足父母的期望，他觉得自己辜负了父母，内心充满了负罪感。

3 小莉的父母一直期待她考上重点中学，可小莉发挥失常，只考上了一所普通中学。小莉觉得自己让父母在亲戚朋友面前丢脸了，带着强烈的负罪感开始了中学生活。

我们要学会爱自己、接纳自己，只要尽自己的最大努力就足够了。

面对对父母的内疚感，
你可以试着这样做

理解并处理好对父母的内疚感

你要认识到父母对你有期望和偶尔感到失望是正常的事情。然而，重要的是，你要明白，你的一生应该是为自己而活的，不是仅仅为了满足父母的期望。

学会自我接纳和爱自己

学会自我接纳和爱自己是非常重要的。如果你不能引导父母看到你的闪光点和真正的需求，那么你要做的是学会欣赏自己。

别往自己身上贴标签

没有达到父母的要求，并不意味着你是个自私、不孝顺、不听话的孩子。所以不要将自己和这些标签联系在一起。

打倒情绪小怪兽

关注个人的成长和幸福感更重要。

父母对孩子难免有期望和要求，这通常源自他们对孩子的关心和爱护。然而，如果这些期望过高、要求过于严苛，或者缺乏对孩子个人意愿的尊重，可能会导致孩子产生内疚感。

1 内疚背后珍贵的特质
当陷入内疚情绪时，你也不要过于责怪自己。会内疚，说明你很善良，共情能力很强，会自省并愿意做出改变。

2 警惕内疚陷阱
容易内疚的人也很容易被人拿捏，所以一定要警惕他人利用你的内疚感来支配你。当遇到不合理的指责时，你一定要坚定地对自己说："这不是我的错。"

妈妈总让我一定要考上重点大学，我的压力好大

07

　　我只是一个成绩中等的普通学生，可妈妈经常给我看一些重点大学的宣传册，向我介绍它们的情况，并要求我一定要考上其中一所重点大学。我的压力好大啊！

1　爸爸经常说："要是我的学历再高一些，我的事业肯定能更上一层楼。"他吃过了学历不高的苦，进入社会后碰过很多钉子，所以希望我能够考上重点大学，以后少走点儿弯路。

2　妈妈经常说，重点大学拥有更好的教育资源和学习氛围，接触的同学也十分优秀，并且名校的光环可以助我顺利找到更好的工作。

3　我表姐今年要高考了，她的目标就是重点大学。她觉得寒窗苦读十二年，考上重点大学才能为自己的努力画上一个圆满的句号。

考重点大学不是人生的最终目的，但它可以是我们努力的目标。

面对父母的期望，
你可以试着这样做

放平心态，调节情绪

当感到压力大时，可以通过听音乐、看电影或者写日记等方式来缓解自己的负面情绪，把内心的压力和烦恼释放出来。

和父母沟通，表达自己的感受，设定合理目标

找一个合适的时间，心平气和地和妈妈谈一谈，告诉她这种要求让你压力很大。向妈妈解释学习是一个循序渐进的过程，你会努力朝着好的大学前进，并且可以和她一起设定一个合理的学习目标和制订计划，这个目标和计划要基于你的实际能力和学习进度。

打倒情绪小怪兽

能力才是影响职业发展的关键因素。

　　为什么一定要考重点大学呢？我们在学习得很痛苦的时候，经常会有这样的疑惑。大家普遍认为，在就业市场上，一些大型企业在招聘时可能会更倾向于重点大学的毕业生。但是，我们也无须给自己过大的压力，学历并不完全等同于能力，在社会上，很多非重点大学的学生凭借自身的努力和能力也取得了很好的职业成就。

第四章

学会做情绪的主人

遇到不顺心的事就想发脾气……

01

　　一遇到不顺心的事，我就会乱发脾气，无辜的旁人也要承受我的怒火。我知道这样很不好，可是我就是控制不住自己……

1　我天生就是个脾气暴躁的人，无论何时何地，只要遇到不顺心的事，我就会发脾气。发完脾气后我很后悔，但我就是控制不住自己，我也很苦恼。

2　今天我找同桌借橡皮擦，不小心把他的橡皮擦折断了，他非常生气地指责我。这件事让我难受了整整一天。原来承受他人的负面情绪是这么难过，我以后一定要控制自己的负面情绪，不乱发脾气。

3　我的同桌以前从来不发火，可最近经常会莫名其妙地吼几句，或许是因为他马上要参加数学比赛，压力太大了。

随意发脾气对双方都是一种伤害。

想发脾气时，
你可以试着这样做

发脾气前先默念十五个数

当察觉到自己的负面情绪即将爆发时，你不妨在心里默数十五个数，给负面情绪一个缓冲的时间。当数完数字后，你会发现怒气消散，理智也开始慢慢回归了。

找到自己易发脾气的原因

尝试进行自我反思，了解是什么导致了你的负面情绪。这可能需要一些时间和耐心，但通过这种方式，你可以更好地理解自己，并在未来遇到类似情况时做出更好的反应。

学会自我调节

如果是自身性格导致你遇到事情容易急躁、发脾气。这种情况往往需要你主动进行自我调节，比如多和亲朋好友交流，日常多听些舒缓的音乐，适当运动来释放负面情绪。

打倒情绪小怪兽

做个听话的小朋友，但也要学会适度发脾气。

虽然我们时常立志要做一个听话、懂事的小孩，要学会控制负面情绪，包容他人。但如果一味地容忍迎合别人，忽略自己内心的感受，反倒会让你受到很多伤害。所以一定要遵循自己内心的感受，在适当的时候发发脾气，也是一种调节自我情绪的方式。

1 适当表达愤怒

每个人都有自己的小脾气，即使再大度的人，也有发脾气的时候。我们要做一个大度有礼的人，但也要适当表达自己的愤怒，维护自己的立场和权益。

2 把坏脾气留给最亲的人

我们都习惯性地在自己的亲人面前无所顾忌地发脾气，因为他们会无限包容我们。实际上，亲人才是我们最该珍惜的人，所以别总把坏脾气留给爸爸妈妈哟。

别人无意间说的一句话，会让我想很多

02

　　我是个很敏感的人，别人无意间说的一句话，甚至一个眼神，我都能脑补出很多问题来，然后开始质疑自己是不是哪里做得不好……

1 有的人说话不喜欢说得太直白，喜欢绕弯子。爸爸也说过要仔细思考别人的话的真正意思。所以，听到别人说的话，我都会揣摩有没有其他的意思。

2 我是个大大咧咧的人，喜欢有话直说，可有时候和我同桌聊天时，说着说着她忽然就不说话了。我也不知道自己到底哪句话说错了，惹她不高兴了。

3 在行动之前，我总会反复思量、小心谨慎，导致在决策时犹豫不决，因为考虑的内容越多，越容易阻滞自己的行动，朋友都说我做事太瞻前顾后。

敏感是自身特点而非缺陷，我们要接纳自己的敏感特质。

如果你也很敏感，你可以试着这样做

接纳自身敏感的特质

敏感不是病，也不是缺点，它只是个性的一部分。每个人都有自己的特色和反应模式，先接受自己敏感的特质，才能更客观地看待自己，避免不必要的自责和焦虑。

情绪来临时，学会转移注意力

当感到紧张或不安的时候，试试深呼吸或冥想，缓解紧张情绪。尝试把注意力转移到别的地方，做些其他事情。

增强自信心

正确认识自身的优点，激发自身的潜力，有助于增强自信心。有了自信心，在人际交往和面对各种情况时就会更加从容，不会轻易因为他人的态度而陷入过度敏感的状态。

打倒情绪小怪兽

想太多也不完全是件坏事。

有些人的性格天生就细腻敏感，别人的一个眼神、一个动作，甚至是说话时的语气都能让他们产生强烈的情绪变化。但敏感的人能感知到很多细节，有丰富的内心世界，拥有强大的共情能力。

1 敏感不是缺陷

据统计，有25％的人拥有敏感的特质，所以想太多不是性格缺陷。你不需要刻意改变，只需要正确认识自我并接纳自我，找到正确的方式引导自己。

2 要学会保护好自己

社会环境十分复杂，人际关系也十分多变，敏感的人在和其他人交往时，往往会产生很多纠结与矛盾。所以要保护好自己，别让自己陷入无限的内耗中。

遇到不开心的事，我就会掉眼泪

03

　　不知道为什么，我特别容易哭：作业太难做不出来会哭；被老师批评了会哭；和朋友吵架了也会哭；甚至不管任何事，只要一激动我就哭……我其实是不想哭的，可是我控制不住自己的眼泪。我是不是病了？

① 因为我太爱哭了，妈妈还专门带我去看了医生。医生说我没病，只是大脑里某种感知情绪的神经元特别发达，共情能力太强了，拥有"泪失禁体质"。

② 有一次，我跟朋友争执了起来，可是吵着吵着我的眼泪就流了下来。朋友见状赶紧向我道歉。事后，我也意识到，并不是她的错。

③ 情绪不好或者压力大的时候，我就习惯哭一哭，哭过后，就会感觉轻松一些。可同学们都说我是爱哭包，不愿意跟我玩了，我很苦恼。

哭也是发泄情绪的一种方式。

遇到不开心的事，你可以试着这样做

找信任的人倾诉

找一个能够信任的人倾诉，这个人可以是朋友或者家人。把自己的苦闷和不满都倾诉出来，减轻心理负担。

反思自己

认真思考自己为什么会哭，会让自己更理性地看待这件事，让自己知道接下来该如何处理与应对，并学会从不开心的经历中吸取教训，让自己变得更加坚强和成熟。

利用周围的事物转移情绪

做一些自己喜欢的事情，比如听音乐、看电影、阅读等，这些活动可以让你暂时忘记不开心的事情，放松自己的身心。

打倒情绪小怪兽

哭，是情绪的表达和宣泄。

长期以来，人们将哭与软弱、认输、无能等联系在一起，根深蒂固的观念导致大家都不敢哭，让我们渐渐学会了压抑哭泣。但长期压抑情绪，反而使人更容易感到焦虑、抑郁。其实，哭泣是一种本能的情绪反应，也是一种释放负能量、缓解压力的健康的宣泄方式。

1 哭一哭，神清气爽

研究表明，哭泣不仅可以排出体内的毒素，也可以排出情绪上的毒素。所以，遇到伤心的事哭一哭，哭完整个人都会变得轻松愉悦。

2 哭泣是一种勇气

哭泣并不是软弱的表现，相反，它是一种勇气。这代表你敢于面对自己内心的真实感受，敢于接受自己的脆弱和不完美，意味着你能够正确处理自己的情绪。

我总认为别人有的，我也要有

04

　　看到别人拥有一样好东西时，我便也想拥有；看到别人比自己优秀时，我心里也会有些忌妒。我知道这样想不对，但我控制不住自己的想法……

1. 我和丽丽很喜欢互相比成绩。要是她的成绩比我好，我就会不开心，可我对其他同学并没有这样的想法。

2. 小文成绩优异，爱帮助人，经常得到别人的夸奖。为此，我不太喜欢跟小文玩。慢慢地，我才认识到，他身上有着我没有的优点，我是觉得自己不如他，产生了忌妒的心理。

3. 我们班的一个同学总有最新款的玩具和学习用品，我很忌妒。有一次，他问我为什么我自制的玩具总能受到大家的欢迎。哈哈，原来他也在偷偷地忌妒我。

要用正确的态度和方法对待忌妒心。

面对忌妒心，你可以试着这样做

正确理解忌妒心

忌妒心并非全然错误，它是人类情感的一部分。我们应该学会积极应对忌妒心，例如通过与他人交流、参与社交活动或学习新技能来转移注意力。此外，建立积极的自我形象和增强自我满足感也是消除忌妒心的关键。

找到周围肯定的声音

当陷入忌妒情绪时，你会听到很多否定的声音，甚至会产生自我怀疑：我很差劲，对方比我优秀多了，我永远也不能和他一样优秀……忌妒会一点一点将你的自信击碎。此时，不妨多注意周围肯定的声音：你很棒，你是独一无二的，你有自己的优点……这些肯定的话语会安抚和支持你，化解你内心的忌妒。

打倒情绪小怪兽

忌妒就像一面镜子，让你知道自己想要什么。

忌妒像一面镜子一样，帮助我们了解自己内心的期待和渴望。它会告诉你，你为什么忌妒对方，要怎么做才能和对方一样优秀，你真正在乎的又是什么，并以此推动你付出行动。

1 正视忌妒情绪

忌妒可以让你更清楚地了解自己想要什么，想成为什么样的人。所以正视忌妒情绪，让它成为你未来努力的方向吧。

2 忌妒可以成为你的导师

不要把忌妒与糟糕画等号，实际上它可以告诉你很多事情。你要做的是成为这种情绪的主人，认真聆听它，仔细辨别它，从中找到动力和方向，从而成为更好的自己。

我不知道自己有什么优点

05

　　老师布置一篇作文，题目是"我的优点"。看似简单的题目，对我来说却很难，因为我不知道自己的优点是什么。

我怎么一无是处啊……

1　我有个小表弟特别调皮，妈妈和老师看到他就头疼，大家都说他浑身是缺点。可是，外婆却总是夸他性格活泼、有活力。

2　我平时做事很慢，总是反复确认有没有做对，我很讨厌这个缺点。可是朋友却说："这是你做事认真仔细的表现。"

3　我从小就被家人教育做人要谦虚，优点很少被提及和表扬，缺点却不断被强调、批评，渐渐地，我对自身优点的认识越来越模糊。

硬币有正反面，每个人也都有优缺点。

找到自己的优点，
你可以试着这样做

思考你的兴趣和爱好

思考你在业余时间喜欢做什么，哪些活动让你感到充满热情。这些活动可能是你的优势所在。

探索不同的领域

尝试参加不同类型的课程或项目，学习新的知识和技巧，挑战自己并从中发现自己喜欢的事物以及擅长的领域。

征求他人的意见

与家人、朋友谈论他们对你的看法。身边的人对我们的评价往往比我们的自我评价更客观，可以帮助我们更好地了解自己的优点和缺点。

打倒情绪小怪兽

每个人都像宝藏一样，身上有挖不完的优点。

成长的过程就是自我探索的过程，每个人身上都存在着无限的潜力。看似微小的地方，也蕴藏着宝藏。随着不断成长，你只要肯挖掘自己，就会发现自己比想象中优秀得多。

1 善于挖掘自己身上的闪光点

每个人都是独一无二的，身上存在着无限潜能，等待着自己去挖掘。只要保持思考和探索，用心体验，就会发现自己有很多独特之处。

2 勇于面对新挑战

在成长过程中，我们会遇到很多新的挑战。积极面对困难，保持对自己的好奇心和热情，有勇气做出改变，就能不断收获新的优点。

我总担忧还没有发生的事情

06

　　我每天都在担心还没发生的事。如果第二天有重要的事情要做，我会担心得一整晚睡不着觉，总感觉明天一定会发生什么意外状况。

大后天的比赛要是路上堵车导致迟到了怎么办？

头疼……我不会得了什么病吧？

交给老师的比赛资料如果弄丢了就完了！

1 我报名参加了班干部竞选，还准备了演讲稿。但竞争的压力太大了，我一直担心自己不会成功。

2 就要期末考试了，我很担心考得不好被爸爸妈妈训斥，搞得自己都没心情复习了。

3 明天英语课，老师要听写单词，我一直担心自己记不住，背单词到很晚，结果，第二天上课都没精神。

应该专注于当下，将担忧转化为积极的思考和行动。

避免为没有发生的事情而担忧，你可以试着这样做

提高自信，专注于当下

不要总是担心未来可能发生的事情，而要专注于当前正在做的事情。只有这样，才能缓解焦虑和紧张情绪。

学会自我调节

学会自我调节，克制住自己的负面情绪，转移注意力，可以尝试一些放松技巧，如深呼吸或者做运动。同时，保证充足的睡眠和健康均衡的饮食，让自己保持愉悦心情。

直接面对，不逃避

当担忧出现时，要积极面对并进行冷静的分析，不要逃避。思考一下这个担忧是基于事实还是自己的想象。许多我们担忧的事情实际上是不会发生的或者发生的概率很低，我们要积极应对。

打倒情绪小怪兽

只要全力以赴，就不会留下遗憾。

我们通常很害怕计划以外的事情发生，所以对无法掌控的结果产生了担忧和焦虑情绪，甚至因为想象的结果而逃避。我们应该专注于当下，将担忧、焦虑转化为计划和行动，为实现目标而全力以赴。

1 学会享受意外

比起意料之中的结果，意料之外的事情或许会给人带来惊喜，往往还伴随着意想不到的收获。要知道，生活处处都是意外和惊喜。

2 你担忧的事情并没有那么可怕

实际上，当你担忧的事情真正发生时，你会发现它其实也并没有想象中那么可怕，这些事情都能被很好地解决，只是你的焦虑不安无限放大了内心的恐惧。

同学在背后议论，我总怀疑说的是我

07

　　我经常感觉同学们看我的眼神奇奇怪怪的，好像在偷偷议论我，这种感觉让我很不舒服。

这些人是不是整天都在背后说我的坏话呢？

1 我和几个同学正在商量元旦联谊会的事，小明冲上来就说："你们是不是在说我坏话？！"这可真是冤枉我们了！

2 有一次，我的同桌和小明说话，还不时地朝我这边看，我心里冒出的第一个想法就是他们在议论我。

3 我们班的班长和学习委员因为一个参赛名额起了争执，之后，学习委员每次跟我聊天后，班长就会过来问我，是不是说了他的坏话。我夹在中间也很为难。

有时候，误解源自内心的想象和猜疑。

怀疑别人说你的坏话时，你可以试着这样做

及时沟通，消除疑惑

主动与他人沟通，了解对方的真实想法。很多猜疑都来源于误解，通过真诚、平等地沟通，可以减少误解，避免不必要的冲突，也及时将自己从猜疑的负面情绪中解脱出来。

增强自信，让自己的内心变强大

缺乏自信心，就容易被别人的话影响。所以需要学会自我认可和自我肯定，相信自己的能力和价值。

保持理性思考，别让情绪"上头"

学会保持冷静、客观的心态，不轻易被情绪左右判断。对他人的言行进行分析时，要多了解事实信息，避免产生误解。

打倒情绪小怪兽

多些宽容，将会收获更多的善意。

试着用宽容和理解包容他人的不足和错误，不轻易猜测他人的动机和目的。多多理解他人，会给自己带来更多的善意。

1 换位思考，理解他人

任何事情，站在不同的角度，就会有不同的看法。当你知道有人在说自己的坏话时，你可以站在对方的立场上想想看，试着理解对方而不是引发矛盾。

2 善于发现别人的闪光点

如果你将目光聚焦在别人的缺点和错误上，那你也就永远失去了和对方成为朋友的机会。
用真诚和善意化解矛盾，或许能收获一个朋友呢。

第五章

和爸爸妈妈成为好朋友

爸爸妈妈总是吵架，我好担心他们会离婚

01

最近一段时间，爸爸和妈妈每天都吵得不可开交，最后谁也不搭理谁。我很害怕他们会离婚，那样我就成了单亲家庭的孩子，但我不敢跟他们说。我该怎么办呢？

1 这次的期末考试，我的成绩很差，妈妈看到成绩单后埋怨了爸爸几句，两人因此吵了起来。我感觉自己好像做了件错事，成为他们争吵的导火线。

2 今天爸爸加班到很晚才回来，妈妈十分生气，两人又吵了起来。他们每次都因为这些鸡毛蒜皮的事吵个不停。

3 爸爸妈妈平时的工作压力很大，他们在工作中积攒了很多怨气。所以回家后，稍微不如意，两人就会成为彼此的出气筒。

4 妈妈有次问我，要是他们离婚我选择跟谁。我听后很难过、很担心，也很想哭。

别人家的爸爸妈妈也吵架吗?

父母吵架了，你可以试着这样做

直接向父母表达自己的担忧

多和父母交流。可以找个合适的时机，一家人坐在一起，向他们表达自己的担忧，也表达自己对和睦家庭的期待。

充当沟通的桥梁，积极为父母解决问题

尝试作为调解人，帮助父母缓解紧张的气氛。在调解过程中，重要的是保持中立，不要偏向任何一方。避免指责或评判，而是倾听他们的观点，并尝试理解他们的感受和需求。

在他们争吵时，你可以用幽默的方式打断他们，或者直接表达你的感受。在他们冷静下来后，一家人有机会表达自己的想法和感受，寻求解决问题的方法。

打倒情绪小怪兽

在家庭的"炮火"中，学会保护好自己。

父母吵架时，夹在中间的我们才是最为难、最受伤的。这些争吵会带来焦虑和不安等负面情绪，影响生活的方方面面，激烈争吵时带来的阴影，甚至会伴随我们的一生。所以，我们要学会保护好自己，不让这些坏情绪过度影响自己。

记住，争吵不能解决任何问题。

在父母的争吵中，你可以通过积极的行动来缓解父母的争吵，做他们之间的润滑剂。

我总感觉妈妈更喜欢弟弟妹妹

02

　　自从有了弟弟后，妈妈似乎将所有的关注和爱都给了弟弟，时刻都陪在弟弟身边。她已经很久没送我上学，也没有陪我写作业了。妈妈是不是不爱我了？

妈妈，今天能陪我读书吗？

1 妈妈今年刚给我生了一个弟弟，他还那么小，不会走路，不会穿衣服，不会自己吃饭，所以需要妈妈花更多的时间来照顾。有时候，我也会帮妈妈照顾弟弟呢。

2 我才不忌妒我弟弟呢，因为我出生的时候，爸爸妈妈只有我一个孩子。弟弟出生前，我可是独享了他们所有的爱。

3 有一次，我偷偷问爸爸："有了妹妹后，妈妈是不是不喜欢我了？"爸爸告诉我："妈妈也很爱你，只不过妹妹还小，需要花更多的时间去照顾，就像你小时候一样。"原来在我小时候，妈妈也是这么照顾我的。

父母对每个孩子的爱都是独一无二且不会减少的。

感觉妈妈的爱被弟弟妹妹分走了，
你可以试着这样做

坦诚沟通，表达感受，具体表达你的需求

找一个合适的时间，平静地告诉爸爸妈妈你的感受。你可以这样说："妈妈，我感觉你最近陪我的时间少了，我有点难过。"通过这种方式，你可以让爸爸妈妈了解你的内心感受，并告诉爸爸妈妈你希望他们为你做些什么，从而更好地调整他们的行为。

调整心态，接受变化

家庭的变化是自然的，接纳新的家庭成员是成长的一部分。试着从积极的角度看待弟弟妹妹的到来，他们不仅仅是家庭的新成员，也是你未来的伙伴。我们也更应该理解妈妈的辛劳，而不是怀着忌妒和抱怨的情绪。

打倒情绪小怪兽

有了弟弟妹妹后，妈妈依然爱你。

当一个家庭决定要第二个孩子时，这可能会让大宝产生一系列的心理变化。大宝可能会担心父母的爱被新生的弟弟或妹妹抢走，这种担忧可能导致大宝出现忌妒、难过等情绪。但实际上，父母对每个孩子的爱都是独一无二且不会减少的。

你如果感觉父母更偏心弟弟妹妹，要先分清是真的偏心还是自己以为的偏心。如果是因为父母没有按照自己的预期来照顾和爱护自己，这可能是自己的认知有误造成的。在这种情况下，可以调整自己的心态，尝试从更客观的角度去理解他们的行为，和父母坦诚地表达自己的感受，告诉他们自己感觉他们有些偏心，这种偏心对自己的情绪和心理产生了不良影响。同时，要相信自己是有价值和能力的，不要因为父母的偏心而否定自己。

妈妈说一点点进步不值一提，我很受打击

03

我知道自己的学习成绩不够好，所以平时非常努力地学习。哪怕是很小的进步，我也很高兴。可当我把这些进步分享给妈妈时，妈妈却觉得小小的进步根本就不算什么。这些话就像一桶冷水浇在身上一样，让我失去了对学习的热情。

妈妈，这次小测验我得了满分！

只是小测验，有什么值得高兴的，你还要继续努力……

生活场景再现

1 这次语文考试，我的作文得了满分，妈妈却说我的阅读题丢分很不应该，我听后很沮丧。可她却对爸爸说："孩子这次考得不错，只要有进步就是好样的。但怕他骄傲，我不能夸他。"

2 我的数学成绩一直都无法提高，这次期末考试的成绩也只比上次的提高了一分，我很沮丧。但老师对我说："虽然只提高了一分，但你为这一分付出了很多努力，这已经很棒了！"我多么希望妈妈也这么说啊！

3 小平成绩很好，可是字写得特别难看，所以他每天都会练字。虽然进步不大，但小平爸爸却大力夸奖了他，还说继续练习小平能成为书法家。

每一次的进步，无论大小，都是值得庆祝的。

127

面对"一点点进步，不值一提"，
你可以试着这样做

理解妈妈的意图，大人有时候习惯将欣喜藏在心底

在妈妈眼里，其实只要你态度端正、努力学习，她就已经足够开心了。只是有些父母即便心里再高兴，也只会把欣慰和喜悦藏在心底，不会在孩子面前表现出来。

多肯定自己，再小的进步也是进步

即使再小的进步，也是你付出了很多的努力才取得的成绩。就算别人不认可，你也要多肯定自己，享受这一刻的成就感和喜悦感。

摆正心态，即使没有得到夸奖也没关系

要明白，你努力学习并不是为了满足他人的期待，也不是为了得到他人的夸奖，而是为了掌握知识，提升自己的能力。

打倒情绪小怪兽

每一次小进步加起来，就会汇聚成巨大的成果。

尽管妈妈的话语可能会让你感到受伤，但你应该认识到，即使进步看起来很小，但只要每天都在进步，就能逐渐看到显著的变化。每天进步一点点，就像是滴水穿石，最终能够实现质的飞跃。你见过万里长城吗？它是最著名的世界文化遗产之一，也是人类创造的最伟大的奇迹之一，它绵延万里，就像一条巨龙一样横亘在中华大地上。要知道，这样雄伟壮观的长城，也是用一块块砖建造起来的。

在学习上，你的每一次小进步就像长城的那一块砖一样。只要持之以恒，总有一天，你也能修建出属于自己的宏伟建筑。

孩子就不能有秘密吗？

04

我平时有写日记的习惯，日记本里面记录了一些属于我的小秘密，所以我把日记本藏在抽屉的最里面，可日记本还是被妈妈翻出来看了。我生气极了，觉得自己的秘密被看光了，感觉很羞耻。可妈妈却觉得小孩子没有隐私可言，也不需要有秘密，大人必须知道孩子的一切。这合理吗？

小孩子有什么隐私？

妈妈就看看你最近在干啥而已。

妈妈你怎么能偷看我的日记呢？你在侵犯我的隐私！

1 妈妈进我的房间总是不敲门，随意进出，我感觉自己没有安全的私人空间，觉得这是妈妈不尊重我的隐私的表现，可她却不这么认为。我很苦恼，跟她说也说不清。

2 我的数学成绩不是很好，妈妈总是当着我的面和别人谈论，这让我觉得很没面子，有种被羞辱的感觉。

3 我有本漫画书，是同学送我的生日礼物，我很珍惜。可有一天我突然找不到这本书了，原来是被妈妈当垃圾扔掉了，她还说看漫画书会影响学习，不如多背几个单词。我很生气，为什么扔我的东西却不和我商量呢？

孩子一样有隐私，需要被尊重。

家长不尊重你的隐私，
你可以试着这样做

明确表达你的感受

找一个合适的时间，平静地与家长沟通你的感受。告诉他们你希望有自己的私人空间，如日记本、信件等私人物品不希望被翻阅。

建立信任关系

通过自己的行为展示你的责任感和成熟度，让家长看到你有能力管理自己的事务。

还可以与家长一起制定一些家庭规则，明确哪些是你的私人空间，哪些是可以共享的信息。

让家长知道隐私的重要性

向家长解释隐私的重要性，帮助他们理解尊重隐私不仅是对你的一种尊重，也是对一个人独立人格的尊重。可以分享一些关于青少年隐私权的文章或书，帮助家长更好地理解这一问题。

打倒情绪小怪兽

每个人都有自己的小秘密。

每个人心中都有秘密，小孩子也不例外，而有秘密也不是什么羞耻的事情。对于孩子来说，有秘密意味着自我意识的觉醒，也意味着他们开始探索和发展自己的内心世界，逐渐成长为一个独立的个体。这也是每个人独立的必经过程。而秘密往往也和责任紧密联系在一起，有了秘密之后，就要独立承担很多责任了。也就是说，只有拥有自己的秘密，才能真正长大。

1 不要藏着具有危险性的秘密

虽然秘密没有危害，但它具有多面性。对于一些危险或复杂的秘密，当你还不具备足够的经验处理它时，你应当及时向老师和父母求助，避免带来麻烦。

2 相互尊重各自的秘密

你有秘密，父母也有秘密，其他人都有秘密。尊重和信任都是相互的，所以应当保持边界感，在保护自己的隐私时，也要尊重他人的隐私。

不听父母的话就是叛逆吗？

05

　　最近，我的成绩有些下滑，和同学间的关系处理得也不是很好，爸爸总是找我谈话。如果不按他说的做，他就教训我，说我是个不听话的孩子，太叛逆了。

1 爸爸工作很忙，有时候下班回家后，心情不是很好，我犯了错，他也没那么多耐心教育我，只要我稍作辩解，他就会说我不听话，太叛逆了。

2 期末考试，我的成绩很不理想，但我已经很努力了。妈妈只是一味地指责我，看不到我的努力，也不关注我沮丧的情绪。听着妈妈唠叨，我觉得很委屈。

3 我有时候真的觉得妈妈不理解我，虽然我也知道她是为了我好，但是我真不想按照她的要求来做，或许这就是大人眼中的叛逆行为吧。

叛逆行为不仅是孩子独立意识和自我意识逐渐增强的反映，也是他们寻求认同的一种方式。

被父母误以为叛逆，
你可以试着这样做

主动沟通解释，诚恳表达想法

告诉他们自己的真实想法、感受以及行为背后的原因，让父母了解自己并不是故意与他们作对，而是有自己合理的思考方式。

管理好情绪

在与父母交流或者遇到分歧时，要避免过于激动的情绪反应。因为你的激动情绪可能会让父母更加坚信"孩子叛逆"的判断。

表现出积极的态度

提高自己的自我管理能力，学会安排自己的学习和生活，主动承担一些家庭责任，如帮忙做家务、关心家人等，用实际行动向父母展示自己的懂事和责任感，改变他们认为孩子叛逆的看法。

打倒情绪小怪兽

即使是大人，也要听爸爸的话。

虽然你渐渐长大了，甚至在不久的将来，你长成了一个大人，变得和父母一样高，能独自做很多决定了，但父母还是喜欢事事替你拿主意，为你安排生活的方方面面。因为在父母眼里，你永远都是小孩子，他们只想永远保护你。所以，即使长大了，也要认真听爸爸妈妈的话，有时候，他们的建议包含着很多真理。

1 也要给父母学习的时间

当你进入叛逆期时，面对你身上发生的变化，父母也不知道该怎么做才好，只能慢慢地摸索。有时候方法可能不那么恰当，但他们也在尽力地学习，所以别对父母太苛刻了，和他们一起成长吧。

2 要学会适度"反抗"

父母的决定和安排也不一定都是对的，所以当遇到不合理的地方时，你一定要勇敢地提出问题，寻求更好的方法。

妈妈总是不信任我，我很受伤

06

　　周末，我和几个同学去图书馆学习，很晚才回家。妈妈十分生气，说我一天到晚只知道玩。不管我怎么解释，她就是不信，我心里难受极了。

撒谎！就会找借口！是不是又去哪儿玩了？

妈妈，我今天和几个同学去图书馆了……

1 本来这几天我和几个朋友约好骑自行车去郊外踏青，可是妈妈不同意，说我不会骑自行车，担心我摔跤。

2 上次考试没考好，我不敢告诉妈妈，就撒谎说成绩还没出来。妈妈发现后，把我大骂了一顿。这次考试我考得很好，结果妈妈不相信我，直接给老师打电话询问。

3 在学校，我和同学发生了争执，本来是对方的错，可妈妈说一定是我的问题，让我少惹事，还说："就算不是你的错，也要引以为戒，这是对你的一种保护。"

面对妈妈的不信任，重要的是保持耐心和理解，同时积极地采取措施来改善这种情况。

想赢得父母的信任，
你可以试着这样做

我到底要怎么做你们才能满意呢？

妈妈，请您相信我，这件事我自己能够处理好，下次也会做得更好。

学会正确的沟通方式

和父母之间的矛盾大多数是错误的沟通方式导致的。

当不被父母信任时，不同的沟通方式会带来不同的结果。如左图。第一种沟通方式就像在发脾气，父母听到后也只会更生气。如果换成第二种沟通方式，显然更能取得父母的信任。

用实际行动改变父母的看法

父母之所以不信任你，是因为他们不放心，认为你缺乏处理事情的能力，或者你以前做了错事，欺骗过他们。所以，想要改变他们的想法，最好的办法是用行动证明自己。以后做事情一定要说到做到，不要撒谎，做不到的事情不要夸下海口，要言而有信。当你慢慢做出改变时，父母也会逐渐对你改观。最重要的是，要自己对自己有信心。

打倒情绪小怪兽

父母的信任，将会是你一生的底气。

在孩子的世界里，一切都很简单，父母一句简单的肯定和支持的话语，就会化作我们成长道路上的勇气。当我们遇到困难和挫折时，父母的信任、支持会给我们带来不惧艰难、勇往直前的力量。而当我们被外界否定时，父母的一个信任的、鼓励的眼神就足以化解我们所有的委屈和不安。所以，你如果还没有得到父母的信任，可一定要加油啊！

真期望妈妈辅导我作业时能好好说话

07

妈妈辅导我作业时特别爱发火。有些题目我一时半会儿没弄明白，妈妈那狂风暴雨般的怒火就会扑面而来，导致我现在害怕在家做作业。要是妈妈能温柔点儿就好了……

1 家里每天都在上演"亲子大战",因为有的题目妈妈都讲了好几遍,我还是做不对。妈妈越嚷,我越紧张,就越做不出来。每次写作业,家里都是鸡飞狗跳的。

2 妈妈对我抱有很高的期待,希望我能考上重点中学,所以对我的学习格外上心,我做作业时她一定会坐在我身边。我很担心自己达不到妈妈的要求,做作业的时候也很紧张。

3 妈妈工作了一天,回到家还要给我辅导功课,我知道妈妈很辛苦,所以,即便她发点儿火,我也会理解她。

不辅导作业母慈子孝,
一辅导作业鸡飞狗跳。

让妈妈变温柔，
你可以试着这样做

诚恳表达，提出请求

在妈妈心情比较好的时候，和妈妈坦诚地说出她发脾气时你的感受。告诉她你知道她是为你好，但是严厉的态度会让你很紧张，反而不利于学习。除了表达感受，还可以向妈妈提出具体的请求，比如希望她在你犯错的时候，先给你一点儿提示而不是直接批评；或者在你不理解题目时，能更耐心地讲解。

合理安排自己的作业计划

①设立明确的目标：设定固定的写作业时间，合理安排每天的学习任务。

②学会总结：总结做作业时出现过的错误，避免下次再犯。

③主动学习：主动做作业，先自己思考一遍，不会的话再向父母请教。

打倒情绪小怪兽

永远感恩父母的付出。

父母每天需要面临高压的工作和繁重的家务，在巨大的压力和劳动之后，他们的身心已经非常疲惫，却还要辅导你写作业。如果辅导得不顺利的话，他们难免会情绪失控。这时候，你或许会感到很委屈，但千万不要和父母对着干，要试着体谅他们，用诚恳的态度抚平他们内心的暴躁和愤怒。

其实，父母为了孩子的学习和生活，几乎时时刻刻都在牺牲自己的时间和精力。或许你会认为，父母做这些都是应该的。可

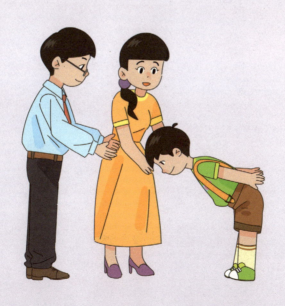

是，除了应尽的义务外，有很多事情他们也可以不做。比如：学习是你自己的事，他们可以不辅导你写作业；一日三餐填饱肚子就行，妈妈也可以不用费尽心思地制作你爱吃的食物；衣服能穿就行，爸爸也不用给你买漂亮衣服。

　　他们努力工作，只是为了让你过上更好的生活。所以，要学会对父母说"谢谢"。